Agriculture
Industrie

ENCYCLOPÉDIE A.-L. GUYOT

Arts
Hygiène
Législation
Métiers

Henry de GRAFFIGNY

MANUEL ÉLÉMENTAIRE de L'HORLOGER

Principes de l'art chronométrique. — Outillage
Opérations simples pour l'entretien
et la réparation des montres et pendules

PARIS
ENCYCLOPÉDIE A.-L. GUYOT
20, RUE DES PETITS-CHAMPS

H. DE GRAFFIGNY

MANUEL ÉLÉMENTAIRE de L'HORLOGER

Principes de l'art chronométrique. — Outillage
Opérations simples pour l'entretien
et la réparation des montres et pendules

PARIS
Collection A.-L. GUYOT
20, rue des Petits-Champs, 20

836

MANUEL ÉLÉMENTAIRE DE L'HORLOGER

CHAPITRE PREMIER

Principes de l'art chronométrique

On donne à la mesure du temps le nom de *chronométrie*.

Nous n'avons pas besoin de donner ici la définition de ce que l'on entend par le mot *temps*. C'est une conception de l'esprit qui reconnaît que deux faits se succédant sont séparés par un espace d'une certaine durée, et c'est justement cette durée que la chronométrie s'occupe de mesurer, de même qu'il est possible de mesurer n'importe quelle grandeur à l'aide d'unités appropriées.

Tout d'abord on a pris pour mesure la succession du jour et de la nuit, fait naturel qui a frappé l'esprit humain bien avant que l'on ait pu déterminer la longueur de l'année, car ce fut le mouvement de la lune qui servit de base pour la création des mois. La durée de la nuit fut d'abord partagée en portions à peu près égales par l'observation du lever et du coucher des constellations et le passage des étoiles au zénith.

C'est donc l'astronomie qui a permis d'établir les premières divisions du temps et donné naissance à la chronométrie, qui est la science de la construction des appareils de mesure du temps, ou horlogerie.

Le premier appareil d'horlogerie connu, plusieurs siècles avant notre ère, à l'époque des Chaldéens et des Egyptiens, fut le *gnomon*, colonne dont l'ombre portée sur le sol indiquait le moment de la journée par sa longueur plus ou moins grande. Mais cet instrument simpliste, même perfectionné par l'adjonction ultérieure du *style*, imaginé par Anaximandre de Milet et transformé plus tard en *cadran solaire*, était bien peu exact et fort insuffisant puisqu'il ne pouvait servir que pendant les heures où le soleil brillait au-dessus de l'horizon. On chercha donc un indicateur plus certain pouvant fonctionner en tout temps, le jour comme la nuit, et c'est ainsi que fut inventée l'horloge à eau ou *clepsydre*, dont un modèle très ornementé fut envoyé à l'empereur Charlemagne, en 800, par le calife Haroun-al-Raschid.

Mais ce système était compliqué et exigeait une surveillance continuelle ; on s'efforça de trouver mieux, mais il faut arriver au xe siècle pour trouver le premier appareil mécanique, ou horloge utilisant, non plus la pesanteur de l'eau, mais la descente d'un poids. Le nom de l'inventeur du premier mécanisme d'horlogerie n'est pas venu jusqu'à nous, et ce n'est que vers 1350 que l'on vit les horloges se vulgariser en Europe.

Il faut remarquer en passant qu'il fut nécessaire, pour rendre possible la mesure du temps par procédés mécaniques, de composer avec la nature et d'imaginer un *temps moyen*, de durée invariable, alors que le temps *vrai*, indiqué par le soleil, a une durée inégale d'un jour à l'autre, si bien que les deux ne coïncident ensemble que quatre fois par an : le 15 avril, le 15 juin, le 31 août et le 20 décembre. Les cadrans solaires et gnomons ne peuvent donc indiquer que le temps *vrai* ou astronomique, et non l'heure civile ou moyenne donnée par les horloges et chronomètres.

Il est superflu d'observer que les mécanismes d'horlogerie ont subi, depuis le XVIe siècle, de très nombreux et importants perfectionnements qui leur ont assuré une marche de plus en plus parfaite. L'*échappement* primitif, formé d'une simple palette s'engageant entre les dents d'une roue tournant par l'action d'un poids suspendu à une corde roulée sur un rouleau de treuil ou encore d'un ressort, fut l'objet des études patientes de savants tels que le docteur Hooke, Grahame, Le Roy, Bréguet ; le pendule, dont les propriétés avaient été découvertes par Galilée et perfectionné par Huyghens, assura une régularité absolue au mouvement des horloges et le chronomètre ou montre marine put être réalisé par Harrison, grâce à son invention du *balancier compensateur.*

Dès le début, les appareils horaires mécaniques furent munis de sonneries par leurs constructeurs qui avaient pourvu ces instruments de cadrans portant une graduation en douze heures, que l'aiguille parcourait deux fois par jour. Les horloges monumentales, comportant de nombreux personnages artificiels appelés *jacquemarts* ou automates, furent édifiées. Rappelons, parmi ces merveilles de l'horlogerie ancienne, les horloges de Lyon, de Londres, de Gand et surtout la construction restée sans rivale, d'Habrecht et Dasypodius, l'horloge de Strasbourg, où de nombreux automates, mus par l'horloge elle-même, apparaissaient à chaque sonnerie de quarts, demies ou heures et représentaient même des scènes entières.

Au XIXe siècle, l'horlogerie française était parvenue à un haut degré de perfection et de renommée, grâce aux efforts de savants et de praticiens tels que Lepaute, Janvier, Berthoud, Pierret, etc., mais la liberté du commerce causa un tort sensible à cette branche de la mécanique de précision, car le commerce des montres et des pendules fut souvent exercé par des gens n'ayant pas la moindre notion de l'art chronométrique, et vendant ces articles comme des [illegible] ou des objets mobiliers quelconques.

L'un des principaux progrès réalisés depuis un demi-siècle, en dehors de la question des appareils de haute précision, réside dans l'unification de l'heure et la distribution à distance, améliorations dues à l'intervention de la fée électricité.

Le meilleur procédé d'unification de l'heure est celui qui fait appel à la T. S. F. Les principaux observatoires : Paris, Greenwich, etc., possèdent des horloges d'une absolue perfection, corrigées par l'observation astronomique. A minuit et à midi précis un signal est envoyé de ces observatoires aux stations de T. S. F. telles que la tour Eiffel, le Poldhu, Croix d'Hins, etc., qui lancent aussitôt des ondes hertziennes que captent les récepteurs à bord des bâtiments naviguant sur les divers océans du globe, et annonçant qu'il est midi sur un méridien déterminé, permettant aux capitaines de navires de régler leurs chronomètres en conséquence.

La distribution de l'heure à distance utilise également l'électricité comme moyen de transmission. A Paris, on emploie l'air comprimé envoyé par une usine et transporté par une canalisation spéciale. Tous les cadrans indicateurs, dits *secondaires*, sont reliés à un appareil central, ou *horloge-mère*, horloge mécanique ordinaire même, assez précise, et c'est cette horloge qui, toutes les secondes environ, envoie dans les cadrans récepteurs comportant une minuterie avec électro-aimant, le courant fourni par une batterie de piles ou d'accumulateurs ou, mieux encore, comme dans le système *Magnéto*, d'une magnéto à haute tension. Pour corriger les irrégularités possibles de l'horloge-mère, un courant correcteur est envoyé une fois par jour aux cadrans secondaires pour les remettre à l'heure exacte.

CHAPITRE II

Organes constitutifs des montres et pendules

Un mécanisme d'horlogerie quelconque ; horloge, pendule ou montre, est composé de trois pièces fondamentales qui sont : le *moteur*, le *régulateur* et l'*échappement*.

Moteur. — Il n'existe et n'est fait usage, pour produire le mouvement des pièces, que deux sortes d'organes : les poids et les ressorts. Les premiers pour les horloges fixes, les autres pour les pendules et les montres. Les poids sont accrochés à l'extrémité d'une cordelette ou d'une chaîne roulée sur le tambour d'un treuil dont une joue fait corps avec une roue d'engrenage qui entraîne les rouages secondaires et les oblige à tourner. Les ressorts sont constitués par une lame d'acier mince, convenablement trempée et roulée en spirale, puis enfermée à l'intérieur d'une boîte cylindrique appelée *barillet,* dont la périphérie est dentée de manière à engrener avec un pignon. Les deux extrémités du ressort sont fixées, l'une à la paroi intérieure du barillet, l'autre à l'arbre central autour duquel tournent la boîte et son contenu. Les ressorts ne sont pas, à proprement parler, des moteurs, mais des accumulateurs qui restituent peu à peu la quantité de travail dépensée pour leur donner la tension voulue par le resserrage des spires de la lame d'acier. On a calculé qu'une machine fournissant une puissance de un cheval vapeur (75 kilogrammètres par seconde), pourrait entretenir le mouvement de 270 millions de montres. On peut considérer ce résultat comme la dernière expression de la division du travail mécanique.

Régulateur. — Le régulateur, pièce essentielle de tout instrument chronométrique, est le *pendule* (qu'il ne faut pas confondre avec *une* pendule, variété d'horloge) et dont il existe deux types distincts : le pendule *oscillant,* lentille pesante suspendue à l'extrémité d'une tige rigide et le *spiral* à balancier employé dans les indicateurs portatifs. Cet organe a pour but de mettre en contact, à intervalles rigoureusement égaux, les pièces mobiles constituant l'échappement.

Les deux modèles, étant fabriqués en métal, présentent un inconvénient résultant du phénomène de la dilatation des métaux selon la température, et qui cause un allongement variable de la tige de suspension ou de la lame du spiral. Ce défaut est corrigé en composant la tige de plusieurs lames de métaux différents et opposés les unes aux autres, de manière à compenser l'allongement ou le raccourcissement dus aux changements de température. Cet agencement, dû à l'horloger français Pierre le Roy, est connu sous le nom de *pendule à gril*. Il a reçu diverses modifications imaginées par Graham et Martin entre autres.

Le régulateur des montres est un petit ressort dont les oscillations sont ralenties et rendues isochromes par l'adjonction d'un volant de poids calculé et associé avec ce ressort. Dans les montres marines ou chronomètres qui permettent de calculer les longitudes en mer grâce à leur fonctionnement extrêmement précis, les variations dues à la dilatabilité du métal sont corrigées par l'adjonction au volant ou balancier, de deux petites masses pesantes pouvant se déplacer suivant la température et maintenir, quelle que soit celle-ci, l'isochronisme des oscillations.

Échappement. — On conçoit que, si le moteur était abandonné à lui-même, la corde ou le ressort se déroulerait en un

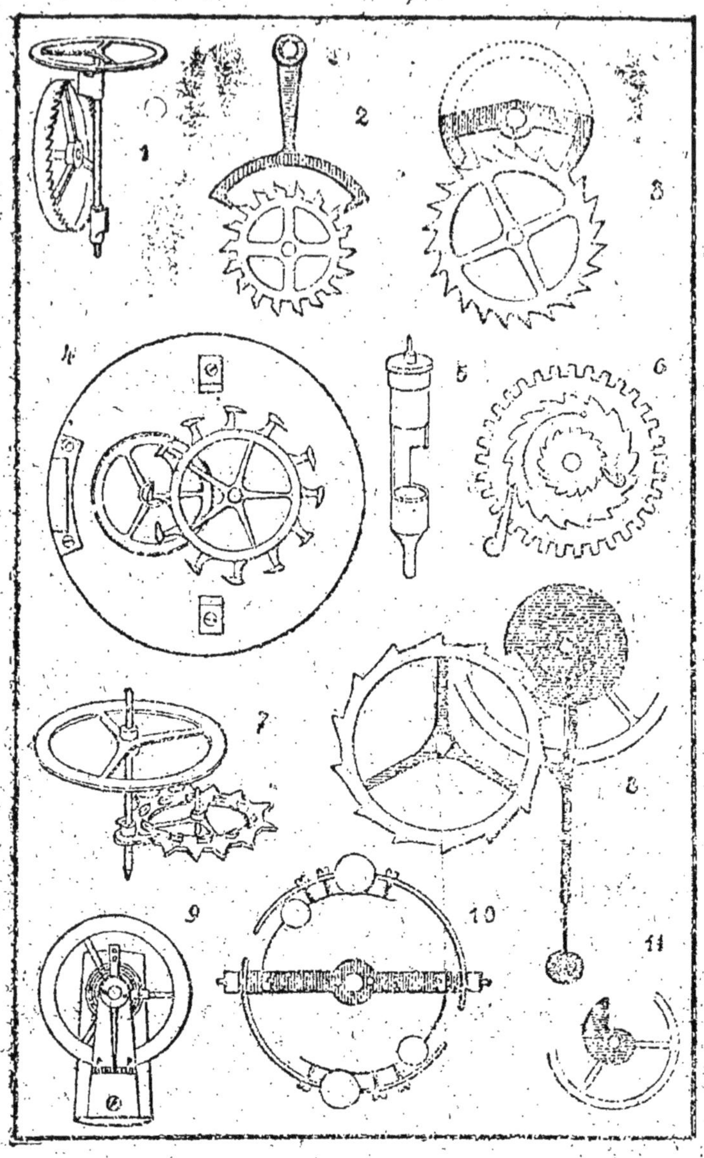

PIÈCES D'UNE HORLOGE. — 1, échappement à verge; 2 et 3, échappements à ancre; 4, à cylindre; 7, duplex; 8, à doigt; 5, cylindre; 6, barillet et encliquetage; 9, balancier; 10, balancier-compensateur; 11, came.

instant, sans imprimer d'impulsion au mécanisme. Pour rendre ces impulsions régulières et assurer la persistance de l'entraînement, on intercale entre le moteur et le régulateur un organe de déclanchement désigné sous le nom d'*échappement.*

On connaît un très grand nombre de mécanismes d'échappement, depuis le plus primitif, dit *à verge,* jusqu'aux plus précis, dit *à ancre* et *à cylindre,* ce dernier dû à Graham. Quelque varié que puisse être cet organe, son but se réduit toujours à procurer, entre le dernier rouage et le régulateur une action réciproque en vertu de laquelle, d'une part le régulateur ralentit la marche de ce mobile et rend son mouvement uniforme, tandis que, d'autre part, une partie de la force motrice est transmise au régulateur pour entretenir ses oscillations qui, autrement, ne tarderaient pas à s'arrêter par l'effet de la résistance de l'air. On comprend donc combien la perfection du mécanisme de l'échappement présente d'importance et contribue au bon fonctionnement de l'instrument considéré.

La partie essentielle de l'échappement à ancre est un cylindre creux, ou écorce cylindrique en acier ou en pierre dure, situé dans le prolongement de l'axe du balancier et qui oscille dans un sens puis dans le sens opposé à chaque impulsion donnée par ce dernier.

Cette écorce cylindrique est largement entaillée à sa partie inférieure et cette échancrure porte le nom de *coche de renversement.* Le cylindre est donc évidé sur les trois quarts de son pourtour, et dans son mouvement alternatif il retient ou laisse défiler les dents d'une roue, dents qui présentent un profil particulier. L'intervalle d'une dent à l'autre présente un contour demi-circulaire et chaque dent, de forme triangulaire, est éloignée du plan de la roue par un petit support. Le repos s'opère par l'appui d'une dent contre la surface, tantôt intérieure, tantôt extérieure du cylindre.

L'échappement *à ancre,* de même que ceux dits *duplex, à repos, à détente de ressort,* etc., se rencontre dans tous les instruments horaires modernes, et parmi les systèmes encore en usage il convient de citer ceux de Breguet, Berthoud, Earnshaw, Motet, Perrelet, Winnerl, Hart, Hainaut, etc.

CHAPITRE III

Outillage de l'horloger

L'assortiment d'outils du professionnel de l'horlogerie doit être d'autant plus complet que l'on se propose d'exécuter des opérations plus ou moins compliquées. Tout d'abord, remarquons que l'on n'aura presque jamais à construire un appareil chronométrique de toutes pièces ; le prix de revient en serait bien trop élevé. Aujourd'hui, montres et pendules sont fabriquées en série dans des usines spécialement outillées à cet effet, et l'horloger n'a jamais qu'à réparer ou, comme on dit, *rhabiller* ces appareils, les nettoyer et changer les pièces usées, il peut retrouver, la plupart du temps, l'équivalent dans les maisons de fournitures.

Voici donc la liste de ces outils :

Archet en baleine de 0^m30.
Bocfil ordinaire.
Jeu d'arbres lisses de 0^m36.
Banc à river à encoches.
Un bois d'étau.
Boîte à huile pour pendule.
2 brosses rondes.
2 burins, un gros, un petit.
2 brucelles, dont une grosse.
Une douzaine de cabrons.
Calibre à pignons.
Outil aux dixièmes.
Chalumeau.
Etau à main.
Huit chiffre.
Lampe à souder.
Etau tournant.
Une pince plate de 0^m13.
Une pince ronde id.
Une pince coupante id.
Volant mobile.
Tournevis moyen.
Jeu de fraises.
Assortiment de limes.
2 marteaux.
Un mandrin.
Un roule-goupilles double.
Pierre à l'huile à affûter.
3 cuivrots : 0^m08, 0^m10, 0^m15.
Une cinq-clefs.
Filière à 36 trous.
Canif.
Tour simple.
Flacon à blanc.

Cette liste devra être complétée, au cas où les travaux à exécuter seraient plus délicats, par les objets suivants :

Clé universelle pour pendules.
Compas aux traits.
Tour aux vis.
Etau à queue.
Jeu de pointeaux.
Porte-forêt.
Compas aux engrenages.
4 broches de tour américain.
Boîte à huile pour montres.
Clé universelle pour montres.
Equilibre aux balanciers.
Estrapade.
Gratte-bosse moyen en cuivre.
Jeu à ouvrir et fermer les sertissures.
Double lunette.
Jeu de pinces américaines.
Jeu de tournevis.
Loupe (ou microscope).
Tour à pivoter avec cuivrots.
Broche universelle.

L'établi doit être pourvu d'accessoires pour suspendre les limes, marteaux, archets, etc., qui seront disposés de manière à mettre les outils à portée de la main, afin que l'ouvrier puisse s'en servir et les remettre en place immédiatement, ce qui lui évitera des amas d'objets dans lesquels pourraient s'égarer de petites pièces. L'établi devra être éclairé par un jour franc, et, comme il est bon de varier la disposition du corps dans le travail, l'horloger devra avoir un établi auquel il travaille debout et un autre qui lui permettra de s'asseoir. Dans ce dernier cas, il choisira de préférence, comme siège, un tabouret monté sur une vis, dans le genre des tabourets de pianos. De cette façon, on évitera la compression de la poitrine, si gênante dans les travaux de précision qui obligent à conserver pendant longtemps une position courbée et très fatigante.

Loupe. — L'horloger évitera de tenir sa loupe à l'œil durant un certain temps par la contraction de l'arcade sourcilière. On peut maintenir la loupe à l'œil à l'aide d'un trois quarts de cercle élastique contournant la tête ; on n'a qu'à repousser la loupe sur le front quand on ne s'en sert plus. On évitera de débuter par des loupes d'un fort grossissement afin de ne pas se fatiguer la vue inutilement. Il serait bon de ne faire usage que de loupes véritablement achromatiques, un peu lourdes et plus chères, il est vrai, mais bien supérieures aux loupes communes. Cependant, si on se sert de ces dernières, on mettra à l'intérieur un anneau de papier noir qui diminuera le champ de la vision.

Limes. — La lime doit être maniée avec

soin, surtout en commençant ; on l'emploiera d'abord sur le cuivre ayant de la faire passer à l'acier et on évitera de la mener par coups secs et prompts, de cette manière elle durera quatre ou cinq fois plus longtemps tout en faisant un bon service.

Pinces, brucelles, etc. — Un bon ouvrier proportionnera toujours la grosseur et la force de ses pinces à l'effort qu'elles auront à subir, pour cela il en aura un assez grand nombre. Il ne se servira pas d'une pince à boucle dans le cas ou un étau à main serait nécessaire, et ainsi de toutes les autres sortes de pinces ou tenaillettes. L'ouvrier peu intelligent qui se servirait sans choix du premier instrument qui lui tomberait sous la main le mettrait hors de service et ne ferait que de la mauvaise besogne.

Huit-chiffre. — On se sert du huit-chiffre pour le travail courant tel qu'on l'achète dans le commerce, mais il est sujet à des accidents quand on veut redresser les roues d'échappement. Pour obvier à cet inconvénient, on met très plates, sur le tour universel, les surfaces frottantes et l'on remplace les rondelles de laiton par des rondelles plates en acier. Ensuite, on rabat avec précaution le rivet formant axe, après avoir enduit toutes les surfaces frottantes de plombagine délayée dans l'huile. On aura alors un frottement ferme, gras et très régulier des branches, ce qui évitera les secousses et par conséquent la casse.

Banc et poinçon à river. — Le banc à river les roues est percé de trous fraisés. Les modèles de bonne qualité sont taillés dans la barre d'acier ; on la perce d'un trou à une extrémité, bien dans l'axe.

Equarissoirs. — Le montage de ces petits outils demande de l'attention. En appuyant leur pointe contre le doigt d'une main et en faisant pivoter le manche entre deux doigts de l'autre main, l'outil doit tourner droit. Une bonne précaution consiste à *tirer de long* avec un fer et du rouge à polir les équarissoirs à pivots afin d'enlever le morfil ; on évitera ainsi que des parcelles de ce morfil n'amènent la piqûre des pivots si quelquefois il en tombait quelques-unes dans les trous.

Brunissoirs. — Pour entretenir en bon état les brunissoirs destinés aux pièces délicates, on les passera de temps à autre sur un cabron imprégné de rouge à polir et d'émeri très fin (potée d'émeri). On passera les autres sur un bois enduit d'émeri d'un numéro plus ou moins fin suivant le degré de mordant qu'on veut leur donner.

Chalumeau. — Quand on emploiera le chalumeau à bouche, il faudra s'habituer à reprendre sa respiration sans interrompre le jet dardé sur l'objet à chauffer. Si la flamme doit être longue, le trou ne devra pas être trop grand ; il faudra vérifier qu'il soit bien net sur son contour afin d'obtenir un jet plein et régulier.

Marteau et tas. — Les métaux employés dans les travaux d'horlogerie devant être bien homogènes, on est obligé de les marteler sur une enclume en acier trempé. La face de cette enclume ou *tas* et celle du marteau doivent être polies avec le plus grand soin. Si ces faces présentaient des crevasses, des fentes ou des parties grenues, cela pourrait déterminer la formation de pailles à l'intérieur du métal travaillé ou des gerçures à la surface de la pièce travaillée.

Fourneau à tirage. — Il peut être fait d'un réchaud portatif quelconque pourvu d'un tuyau de 30 à 40 centimètres de longueur. Ce foyer est disposé sous la hotte d'une cheminée et alimenté de copeaux et de charbon de bois ou de houille. Il est indispensable lorsqu'on a à faire rougir ou à recuire des pièces trop volumineuses pour le chalumeau ordinaire.

Tour. — Les tours d'horloger, dont il existe plusieurs modèles de différentes grandeurs, comportent une perche trian-

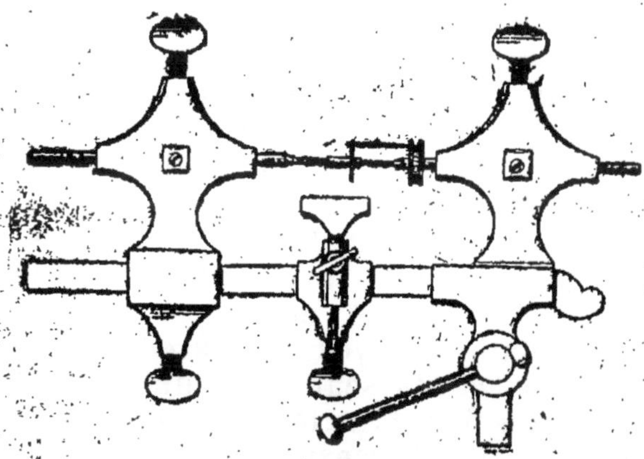

Tour d'horloger monté sur un étau.

gulaire assurant un glissement très doux et une bonne stabilité à la poussée mobile. Les broches, au lieu de passer dans des trous, sont ajustées dans une rainure les laissant un peu déborder par-dessus. Elles sont fixées par une plaque sur laquelle presse, sous l'action d'un excentrique, une sorte d'étrier renversé. On peut faire usage ici de l'archet ou de la roue. Pour l'emploi de cette dernière, la perche porte un coulant muni d'un levier coudé mobile supportant une poulie qui reçoit la corde. Cette disposition fait éviter une pression sur les pointes et donne la faculté de tendre cette corde au degré voulu.

Tour à percer et à fraiser. — Dans ce tour, la poulie d'entraînement tourne sur la broche même et par suite ne produit aucune pression sur l'arbre qu'elle commande par un taquet. Nous avons ici un tour en l'air. Le nez de l'arbre peut recevoir à volonté des manchons à 8 vis ou des tasseaux de formes diverses sur lesquels on fixe la pièce à percer ou à fraiser.

La poupée mobile est pourvue d'une broche porte-tasseau ou porte-fraise que l'on pousse sur l'objet à fraiser ou à percer par un levier articulé sur le corps même de cette poupée mobile. C'est donc sur cette broche qu'on ajuste ou une fraise, ou le tasseau supportant la pièce à percer que l'on appuie sur le foret ajusté dans l'arbre.

Pour fraiser on enlève le tasseau sur lequel était appuyée la pièce à percer, on remplace ce tasseau par un porte-fraise, ensuite on fixe dans le manchon à 8 vis, par exemple, un morceau de tige de laiton ou d'acier dont on a roulé la pointe que l'on garnit d'huile, puis à l'aide du levier, on pousse la fraise sur la tige en mouvement. On fait ainsi rapidement, vis, axe, décolletage de tige, etc. Le nez de l'arbre est taraudé à droite ou à gauche, c'est-à-dire selon que le tour doit se placer à la droite ou à la gauche de l'ouvrier, et pour éviter que les accessoires se dévissent durant le travail. Comme le précédent, ce tour est établi sur les grandeurs de 20, 25 et 30 centimètres.

Tour à sertir les pierres. — Ce tour diffère de beaucoup des précédents. Sa perche est indépendante et se fixe par des vis dans le corps de l'outil. Ce corps d'une seule pièce à deux bras en retour d'équerre, reçoit entre eux un arbre creux, qui traverse la poulie, qu'on rend solidaire avec l'arbre ; les portées de la poulie forment alors les portées de l'arbre.

Sur un coulant pivote comme une charnière un bâti, ou système de bascule, dont le bras de droite est plus long que celui de gauche, les deux sont réunis par un tube percé d'outre en outre sur toute sa longueur. Le centre de l'ouverture circulaire du tube doit correspondre exactement au centre de l'arbre. Un bras d'arrêt situé en arrière porte un coulisseau sur lequel s'adapte un second coulisseau terminant le bras de la bascule, de manière à constituer avec celui-ci une sorte de pince. Quand celle-ci est fermée, la broche porte-burin étant introduite dans la bascule, ce burin doit être bien centré sur l'axe de l'arbre. Cela fait, on dispose la pierre à sertir entre les becs de la pince, et le burin ramené vers le centre fera alors une creusure exactement de la grandeur de cette pierre. On voit donc qu'avec le même burin il est possible de sertir ainsi des pierres de toutes grandeurs.

Nous pourrions encore continuer pendant

de longues pages à donner la description des nombreux outils et machines qui peuvent être utilisés dans la construction des appareils d'horlogerie, mais la place dont nous disposons étant des plus limitées dans cette nouvelle série d'ouvrages, nous oblige à une extrême concision et nous en arriverons sans tarder à l'étude des opérations les plus courantes et les plus usuelles que l'horloger a à effectuer.

CHAPITRE IV

Soins à donner aux pendules et aux montres

Mise d'aplomb et calage d'une pendule. — La première chose consiste à raccrocher le balancier qui a dû être enlevé pour le transport de la pendule. La tige est engagée entre les dents de la fourchette et les deux crochets sur les tenons du ressort de suspension, puis le timbre de la sonnerie est revissé si celui-ci a dû être enlevé.

La *mise d'aplomb* est une opération différente de celle du calage, cette dernière devant simplement empêcher la pendule de vaciller sur son support. Ce travail s'exécute comme suit :

Lorsqu'une pendule est d'aplomb, les deux coups frappés par l'échappement sont d'égale durée ; c'est-à-dire que le balancier emploie le même temps pour chacune de ses oscillations à droite et à gauche. Mais si ces coups sont inégaux en durée, en quelque sorte *boiteux,* on peut y remédier en levant la pendule avec des cales du côté où le coup est le plus long. On pourrait aussi tordre légèrement la tige de la fourchette, mais ce dernier procédé exige une grande habitude pour ne pas fausser cette pièce et dérégler la pendule.

Quand on met une pendule à l'heure et que la sonnerie est dérangée et sonne l'heure aux demies, on fait faire vivement un tour à la grande aiguille sans donner le temps à la sonnerie de fonctionner avant que cette aiguille soit revenue sur le midi. Les horlogers emploient un moyen plus simple mais qui exige une certaine connaissance des pièces du mouvement. Il suffit de soulever une détente qui se trouve auprès du marteau autant de fois qu'il faut faire sonner d'heures pour opérer le rattrapage et la correction.

Il ne faut jamais tourner en sens inverse les aiguilles d'une horloge car on dérangerait le mécanisme de la sonnerie. Il est nécessaire, dans toute remise à l'heure, de tourner l'aiguille des minutes dans le sens normal jusqu'à ce qu'on soit parvenu à accorder la sonnerie avec l'heure marquée. Il faut avoir soin de s'arrêter aux heures et aux demies pour laisser la sonnerie fonctionner à chacun de ces arrêts.

Il existe deux genres de mécanismes de sonnerie : l'un dit à *chaperon,* où deux trains d'engrenages commandés par un barillet spécial commande, deux fois par tour de l'aiguille des minutes, le marteau qui frappe sur le timbre sonore ; l'autre dit *à râteau,* dans lequel la pièce principale est une sorte de râteau dont les dents sont engagées dans la roue de compte. Il existe des systèmes de mouvements de sonnerie qui ne décomptent pas ; ils ne sont préférables qu'à la condition que la pièce dite *limaçon* ne puisse pas s'engager dans la détente qui la commande, car il en résulterait non seulement l'arrêt de la sonnerie, mais aussi du mouvement de la pendule lui-même.

Entretien des montres. — Voici quelques conseils généraux pour l'entretien des montres, et que nous extrayons de notre ouvrage : *Les Industries d'Amateur* :

1° Remontez votre montre à la même heure tous les jours, de préférence au moment où l'on se couche ; 2° Evitez de la déposer sur un marbre ou autre support trop froid, la brusque transition de température en contractant les métaux pourrait amener la rupture subite du ressort. De plus, le froid épaissit l'huile de graissage et empêche le libre mouvement des engrenages ; 3° Suspendez autant que possible la montre, de manière à lui conserver la position verticale qu'elle a dans le gousset du vêtement. La différence entre ce que les horlogers appellent le *plat* et le *pendu* peut en moins d'une nuit, amener une grande variation ; 4° En suspendant ainsi votre montre, assurez-vous qu'elle ne peut vaciller car, dans certains cas, le mouvement du balancier peut imprimer à la montre des oscillations qui troublent sa marche ;

5° Si l'on veut conserver longtemps la propreté de l'instrument, on s'assurera d'abord que le boîtier ferme bien hermetiquement ; il est bon de ne la mettre que dans une poche en peau, les poches en toile ou en coton donnent naissance, par le frottement, à un duvet et des peluches qui pénètrent dans les montres même les mieux fermées ;

6° Evitez de remonter votre montre en plein air. La poussière, soulevée par le vent, peut entrer dans les trous des remontoirs et causer promptement des avaries ;

7° La clef d'une montre doit être petite, afin de pouvoir sentir facilement la résistance de l'arrêtage ; on peut alors s'arrêter à temps pour ne rien forcer. Il faut aussi que le carré soit très bien ajusté sur celui de la montre ; s'il est trop grand, il peut en même temps, causer au carré du remontoir un dégât dont la réparation est très coûteuse.

Une montre ne peut aller indéfiniment sans être réparée. Au bout d'un certain temps, les huiles se sont séchées et le corps solide qui en résulte, ainsi que la poussière et l'usure, viennent apporter un trouble dans les parties mobiles de la montre. Les fonctions devenues irrégulières finissent souvent par cesser complètement leur service.

Une personne qui, possédant une bonne montre, désire la conserver telle, doit la faire nettoyer tous les deux ou trois ans au plus tard. Mais il faut avoir soin de ne confier cette réparation qu'à des mains sûres ; un ouvrier inhabile peut, par un coup de maladresse, causer un grand préjudice à la montre, même la mieux construite.

Une économie mal entendue porte quelquefois à s'adresser à des ouvriers médiocres et, par cette raison qu'on n'a pas confiance en leur travail, on débat avec eux un prix déjà modéré. Il est rare qu'on n'obtienne pas la réduction demandée. Malheur alors à la montre réparée dans de telles conditions !

On croit assez généralement qu'un horloger indélicat peut substituer à certaines pièces d'une montre des pièces d'une qualité inférieure. Cette substitution ne s'est peut-être jamais faite par cette simple raison qu'en dehors des difficultés qu'elle présenterait, elle ne pourrait offrir aucun profit à son auteur.

Avance et retard. — Il existe dans toutes les montres un limbe ou cadran d'avance et retard, sur lequel est un index mobile. Les deux mots *Avance* et *Retard,* gravés à chaque extrémité de ce limbe, ne laissent aucun doute sur la direction à donner à l'aiguille, pour obtenir de la montre une marche plus lente ou plus rapide. On comprend facilement que si la montre avance on doive pousser l'index vers le retard, et réciproquement. Cette opération doit s'exécuter avec beaucoup de soin et de circonspection, en raison de la susceptibilité et de la fragilité de ces organes régulateurs. Il serait impossible de donner aucun renseignement sur le rapport pouvant exister entre les degrés du cadran et les variations de la montre ; ce n'est donc que par tâtonnements que l'on peut arriver à trouver le point précis qui doit amener l'heure à sa plus grande régularité.

Lorsqu'une montre n'a qu'un faible écart,

on se contente de pousser l'index d'un degré. L'on attend alors vingt-quatre heures pour juger de l'effet, et l'on agit ensuite selon le résultat obtenu. Dans le cas où la variation serait plus grande, comme, par exemple, dix minutes d'avance en un jour, on doit pousser l'index au bout du retard, sauf à revenir le lendemain sur ses pas.

CHAPITRE V

Le rhabillage des montres

Le premier point sur lequel il convient d'appeler l'attention des ouvriers horlogers procédant à la remise à neuf ou *rhabillage* des appareils chronométriques, montres et pendules, a écrit un vieux praticien, M. Modeste Anquetin, dont le nom a fait autorisé en la matière, c'est la conservation de ces appareils. C'est là une observation qui peut paraître banale, puisque justement le but du travail confié à ces ouvriers est justement la remise en bon état et la réparation d'un instrument plus ou moins usé à la suite d'un fonctionnement prolongé, cependant elle est nécessaire. Avant de prétendre améliorer un instrument usagé il faut s'efforcer de ne pas le détériorer. Et malheureusement, soit faute d'aptitude, soit faute d'expérience ou de connaissances professionnelles, le nombre est grand des rhabilleurs, qui gâtent les montres au lieu de les remettre en état. Le repassage des montres est une œuvre de minutie ; ce travail de l'horloger est la plus grande preuve de l'effort possible à l'homme, mais c'est un effort à rebours, ce résultat est dû à cette force d'inertie que l'homme peut employer contre sa propre force. Démonter une montre ou une pendule et mettre les pièces éparses sur la table, c'est une chose que le premier mécanicien venu peut faire, mais qu'un ouvrier soigneux ayant dix années de pratique, aimant et respectant son métier, peut seul mener à bonne fin : repasser ou réparer une montre.

Et d'abord, avant de faire ce qu'il faut, il faut savoir ce qu'il faut faire. Voyez quelles précautions l'ouvrier soigneux a prises pour enlever les aiguilles d'une montre sans les fausser ni les mâter. Il a pour ce faire des précelles appropriées, polies, faisant fonction de coins, et il enlève les aiguilles en se gardant bien de tirer ou d'appuyer sur le cadran. Préalablement, il s'est assuré de leur ajustement ; l'aiguille d'heures affleurant le cadran sans le frôler, le canon qui la porte arrêté dans son ébat par l'aiguille des minutes.

Il s'assure que cette aiguille d'heures, lors de la mise à l'heure, avance régulièrement, sans saccades, et que les engrenages qui la dirigent ont peu d'ébat. L'ouvrier soigneux enlève alors son cadran, il en place les vis sur un dressoir préparé, où des points de repère l'empêcheront de les confondre.

Le carré de mise à l'heure ne touche pas au fond de la boîte, enfin il est arrondi pour plus de sécurité ; la goupille de renversement n'approche ni de la boîte, ni des ressorts de celle-ci en appuyant le doigt sur la cuvette, au-dessus du balancier, et en la faisant légèrement fléchir, ce balancier continue à vibrer : il peut donc enlever le mouvement de la boîte, et c'est ce qui est fait.

Il examinera alors d'un coup d'œil général toute l'économie de cette montre. Les principales pièces ont-elles le jeu qui leur convient ? Sont-elles de l'une à l'autre à la distance la mieux répartie ? Il est clair qu'il doit y avoir plus d'espace libre entre deux pièces mobiles qu'entre une surface fixe et une pièce mobile. Tout est à observer. Le balancier est-il bien droit, bien isolé ?

Si des mobiles paraissent déjà un peu trop rapprochés d'un point quelconque, il faudra bien se garder en réparant cette montre, d'augmenter ce défaut. Il y a des défauts que l'on ne peut faire disparaître : il faut les atténuer, les pallier. Vous n'avez pas fait ce calibre ; réparer une montre n'est pas la refaire.

Défiez-vous de ces besogneux, ardents au tour, à la lime, et des mains desquels un mouvement de montre ne peut sortir sans avoir laissé autour de l'étau, sur l'établi, un monceau de limaille de cuivre et d'acier.

Le grand mérite d'un horloger consiste à conserver et de respecter le travail de ses devanciers ; une montre doit sortir de ses mains aussi neuve qu'elle y a été déposée. Son honneur s'applique à ne laisser aucune trace de démontage. Son tournevis allongé, appuyant un peu d'abord, plus légèrement ensuite, enlève successivement les vis, les remet dans leur pont ou sur le dressoir, sans en mâter les angles vifs. Ses précelles ont, par leur bord extérieur, soulevé les ponts avant de les enlever, et il a eu soin de ne pas les appliquer sur le dessus de la dorure. Le ressort est depuis longtemps désarmé, et c'est avec la plus grande attention qu'il a soulevé le coq et enlevé le cylindre avec les précelles et non en l'enlevant par la tension du spiral, car c'est s'exposer à fausser ce spiral qui doit être l'objet des plus grands soins. Un spiral n'a souvent besoin d'être redressé que parce qu'il a été faussé en le retirant. Dans ce cas, il est deux fois ébranlé, cela ne peut que nuire à son élasticité (1).

Ce qui rend la profession de réparateur d'horlogerie méritoire entre toutes, c'est qu'elle est aussi difficile que peu appréciée. Il faut, pour l'exercer, des natures d'élite, observatrices, logiques, plus capables de grands soins encore que d'habileté.

Aussi, admirez l'ouvrier intelligent que nous avons sous les yeux : à peine a-t-il démonté sa montre, et déjà il la connaît, il la sait par cœur.

Si la montre a déjà marché, le cylindre est-il entamé ?

Le pignon de la roue d'échappement est-il piqué ?

Voilà deux points importants qu'il a tout d'abord élucidés et pour cause.

Si les piqûres sont fortes, il sera bien forcé de changer les pièces ; il faut avertir le possesseur. Si le client ne veut pas en

---

(1) *Guide-manuel de l'Horloger*, par H. de Graffigny 3e édition, J. Hetzel éditeur. *(Epuisé.)*

faire les frais, il faudra, si possible, changer de hauteur le contact de la roue des secondes, et enlever la marque qui n'existe souvent qu'aux lèvres de ce cylindre : l'ouvrier reforme cette lèvre au moyen d'une petite lime en rubis.

Mais n'anticipons pas sur l'œuvre du repassage ou rhabillage ; notre ouvrier a de la méthode, et il faut nous garder de nous en abstenir. Il essuie toutes les pièces, en retire l'huile épaissie qui lui cacherait le trop d'ébat des trous et le poli rayé des pivots.

Tous ces pivots sont-ils nets ?

Aucun de ces trous n'est-il ovalisé ?

Toutes les roues sont-elles bien rivées ?

Il met en place sa roue du centre, met en ses pinces à boucles le chevillot qu'il a replacé ; puis, faisant tourner la platine, il s'assure qu'elle tourne droit : c'est une preuve essentielle que cette roue est justement plantée. Si elle ne l'était point, ou il replanterait suivant les cas un des trous de cette platine en le rebouchant, en le tournant sur le burin fixe, avec un mince burin ; ou il agirait sur ce trou par les pieds du pont de roue du centre de la façon dont plus loin nous le verrons opérer. Si la montre est neuve, la dorure abondante, l'ouvrier prudent passe légèrement l'équarissoir dans ces trous de roue du centre, afin d'enlever les parcelles d'or mal attachées que les préparations de dorure y ont introduites sans pouvoir les y fixer ; il n'est pas rare, dans les meilleures montres, de voir cet or après quelques mois de marche de la montre, s'amalgamer à l'huile et former une boue compacte au point que le mobile ne peut plus tourner. Enfin, la roue est droite ; la chaussée, mise en place, ne frotte pas sur la platine, et en est assez loin pour ne pas enlever l'huile au réservoir de ce pivot du centre. L'écuelle, par l'autre côté, est dans le même cas. Tout ce premier mobile central est dans les meilleures conditions ; l'ouvrier passe à l'examen du barillet.

Il l'a d'abord mis sans son pont sur son arbre ; le barillet tourne rond, il tourne droit, les trous sont bons, l'examen est fait. Si l'un de ces points était défectueux, il le rétablirait ainsi : les trous sont-ils grands ? et le cuivre a-t-il assez d'épaisseur ? Il les resserrera sous un pointeau formé d'un angle très obtus ; cet angle fera réservoir. Il refera juste le trou resserré et devenu trop petit au moyen d'un équarissoir afin d'enlever les scories de l'écrouissage.

Son barillet est-il voilé ? Il cherchera si une autre situation du couvercle est plus favorable, et s'il ne peut ainsi parvenir à obtenir le droit, il placera ce couvercle sur un tas poli, et en mettant dessus un papier de soie, il le frappera au bord sur sa demi-circonférence afin d'étendre et reculer la partie correspondante du barillet, qui, en tournant, se trouvait trop avancée. En même temps (si ce couvercle entrait assez à force), avec une lime douce usée, il diminuera d'autant la partie opposée et il aura soin de bien conserver au bord de ce couvercle l'inclinaison qui convient à son drageoir.

Dans une montre de qualité courante, où l'on n'est pas assuré du tourner droit de la bonde, il est prudent d'arrondir légèrement les parties intérieures du barillet et de son couvercle.

Le barillet tourne rond, voyons si l'arrêtage continue à bien fonctionner ? Deux points sont essentiels : il le faut libre, il faut qu'il ne puisse manquer par excès d'ébat.

S'il est serré, il y a évidemment quelque part de la matière à enlever ; les cas diffèrent beaucoup, la perspicacité du rhabilleur doit les lui révéler ; si ce serrage est le même aux quatre dents de la croix de Malte, il est clair qu'il sera simple de toucher au doigt d'arrêt ; si, au contraire, le mauvais effet ne se produit qu'à quelques dents, il devra rectifier ces dents inégales de la croix de Malte. Cet arrêtage manquerait-il par trop d'ébat ? Il y a deux moyens de corriger cet ébat : ou le repasseur refera une des deux pièces, le doigt ou la croix, ou il les rapprochera l'une de l'autre en replaçant la croix de Malte sur un autre point du couvercle du barillet.

Enfin cet arrêtage fonctionne bien, et l'ouvrier visiteur, ayant remis le barillet dans son pont, va mettre le tout en place avec la roue du centre, et s'assurer des points suivants :

Le barillet est-il droit sur la platine ?

Est-il sans frottement sur cette platine ?

Est-il assez loin de la roue du centre ?

Ne frotte-t-il point par son arrêtage, ou

par son rebord, au cadran, à la roue d'heures ?

Si aucun de ces défauts n'existe, tout va bien. Si au contraire l'un d'eux se produit, il faut aviser. C'est ici que la correction peut être très complexe. Dans les montres plates où le cadran a été changé, etc., il faut quelquefois laisser un peu de biais au barillet pour obtenir un peu de sûreté. Le rhabilleur se trouve parfois obligé, pour mette le barillet en son meilleur plan, de placer de petits goujons à trou foncé sous le pont de ce barillet, afin de le redresser ou de le faire pencher; ce moyen, du moins, ne gâte pas les pièces.

L'engrenage du barillet est-il encore en bon état ?

Pour le voir, il faut un jour, et ce jour ne doit pas affaiblir sérieusement le peu de matière que l'ouverture faite pour le passage du barillet a laissée à la platine autour du trou de la roue du centre. Il faut donc, pour faire ce jour utile et non désastreux, l'échancrer de biais dans le sens du rayon visuel à l'entrée de l'engrenage, car c'est surtout le commencement de la menée qu'il faut étudier dans les engrenages. Moins le mécanisme est soigné, et plus il faut se défier d'un engrenage dont la denture entre en contact avant la ligne qui passe par le centre de la roue et du pignon. La fin de cette menée peut se deviner suffisamment lorsqu'on ne voit ou ne sent ni glissement ni chute, et que les dents de la roue (le barillet) conservent toujours un certain ébat.

Reste donc à examiner la fonction du

ressort d'encliquetage. Celui-ci doit entrer jusqu'au fond des dents du rochet, qu'il doit arrêter par le pied. Il doit encore approcher par sa tête le cuivre du pont, afin que la partie faisant ressort ne supporte pas seule l'effort obligé.

Nous étudierons maintenant les autres mobiles du rouage : leurs engrenages, leur jeu, l'ébat des trous et les moyens d'action à employer contre les défauts qui peuvent se rencontrer.

L'ouvrier examine l'intérieur de son barillet, s'assure que le bord intérieur de la virole est bien à angle droit avec le fond, que la circonférence de la bonde répond à la même condition ; c'est indispensable au bon fonctionnement du ressort autant que le droit du fond et du couvercle. Ces derniers doivent avoir leurs portées plus petites que la bonde. Le bout de la vis de la croix de Malte doit à peine affleurer. On a arrondi le dessus du crochet de l'arbre, qui pourrait frotter sur les lames, ce crochet doit tirer les ressorts bien au milieu.

Le crochet du barillet doit être fortement accentué dans son retrait, afin de rendre un décrochement impossible. Il est parfois défectueux ; le plus certain, dans ce cas, c'est de l'abattre, de repercer, un millimètre plus loin, bien au milieu de l'intérieur de la virole, un trou fin, très en biais, formant un angle aigu à la traction. Le repasseur taraude ce trou sur le quinze, prend un fil d'acier fileté sur ce même numéro et fileté seulement de la longueur nécessaire ; il en a limé l'extrémité en bec de sifflet, et il le visse à fond de façon à ce que ce bec dépasse à l'intérieur assez pour former un crochet solide et durable. Il va sans dire que le côté limé en sifflet doit être tourné vers les lames du ressort, de sorte que l'angle du crochet a tout l'aigu que comporte la direction du trou. Le ressort est alors remis dans son barillet ; on prend d'une main le carré de l'arbre dans sa pince à boucle, et de l'autre main retenant le barillet, on s'assure que le ressort s'arme et se développe sans frottement, sans saccade ni soubresaut, ce qui a lieu s'il est de bonne hauteur et si les conditions sont réalisées.

Le ressort doit faire un tour et demi en plus du travail nécessaire. S'il est trop long ou trop court, il ne fait pas autant de tours qu'il peut. Il faut éviter de le trop raccourcir, car il fatigue alors davantage. La situation où un ressort fait tout le travail possible est quand la surface qu'il occupe au repos est égale au vide qu'il laisse libre. Il est aisé de s'assurer de cet état au moyen d'un trait et en alternant les deux positions du ressort au repos et au tout armé.

Dans un mécanisme aussi délicat que l'est celui d'une montre, il n'y a pas de quantité négligeable. L'ouvrier intelligent ne saurait trop se persuader combien il est urgent, important, que les trous des mobiles soient droits, polis et assez grands. Nous disons assez grands et assez droits, car ce sont là deux qualités très essentielles, et sans lesquelles il n'est possible d'espérer d'une montre aucun bon résultat.

Nous n'insisterons pas sur la nécessité

des trous droits, et s'ils sont en pierre percés sur les deux bords : cela est compris de tous. Nous voulons toutefois appuyer sur ce principe, que les trous des mobiles, pour que ces derniers soient bien libres, doivent avoir un certain ébat.

D'abord, l'huile n'est pas une substance immatérielle ; ses molécules évidemment ont, comme toute matière : largeur, hauteur, épaisseur ; et selon son âge et la température, elle est plus ou moins compacte.

Si nous introduisons cette huile dans les trous, c'est afin que ce corps gras forme un intermédiaire utile entre la paroi du trou et le pivot ; nous pouvons supposer que c'est une suite de petites sphères tournant sur elles-mêmes que nous plaçons entre la force agissante (le pivot qui appuie et veut tourner) et la résistance (la paroi du trou qui est fixe). Or, si l'espace est trop restreint, ces molécules, ces petits points eux-mêmes seront gênés, partant il n'y aura plus complète liberté, ce qui est d'une importance extrême quand il s'agit d'une roue d'échappement ou d'un balancier.

Nous ferons encore une observation pour faire saisir le défaut des trous trop justes. Supposons, et cela se voit quand les pivots roulent dans des trous en cuivre, supposons que le pivot lui-même, par suite d'usure, ait formé son lit dans son trou ; il en résulte qu'il roule dans une demi-circonférence d'égal diamètre à la sienne, et qu'étant poussé toujours du même côté par la force motrice, il appuie et frotte sur toutes les parties de sa demi-circonférence. Or, si au contraire le trou est neuf et d'un diamètre plus grand que le sien, rigoureusement parlant, il n'appuie que sur un point ; c'est là une preuve démonstrative, évidente, que la circonférence du trou doit être plus étendue que celle de son pivot.

Bien que l'exécution des montres, par la fabrication, soit plus correcte aujourd'hui qu'elle ne l'a été jadis, il arrive encore quelquefois qu'un engrenage est faible, qu'une roue n'est pas droite, ou que le plan du petit cadran de secondes n'est pas parallèle au plan de la roue, ce qui peut amener un frottement de l'aiguille des secondes ou son accrochement avec l'aiguille des heures. Mais presque toujours les trous sont en pierre ; à cause de cela, on ne peut les étirer... il faut donc aviser ; c'est par les pieds des ponts qui tiennent les roues qu'habituellement on opère. Un bois de fusain, court et plat, placé dans le sens voulu (la vis étant retirée), un léger coup de marteau donné, ramènent facilement le trou de ce pont au pont qui convient pour avoir le plantage exigé ; si la vis et la tête de la vis n'ont pas un peu d'ébat dans la noyure, il faut en ce cas, au moyen d'un petit ciseau mordant seulement sur le côté, leur en donner suffisamment, afin que cette vis ne détruise pas l'effet que le coup de marteau a produit.

Parfois encore le jeu d'un mobile est trop restreint ; alors, avec un brunissoir rond, refoulant fortement l'angle inférieur du pont et passant ensuite sur cette bourre refoulée un brunissoir plat pour lui donner consistance, vous obtenez un certain jeu. Mais si ce jeu est de plus grande importance, il sera mieux que vous chassiez au-dessous de ce pont des chevilles enfoncées à trou foncé ; vous les mettez à hauteur à la lime.

Les roues et les pignons, les engrenages ont pour but, dans une montre, de transmettre également, sans accotement, sans saccades, sans secousses, d'une façon excessivement étendue et diluée, la force du moteur au régulateur ; autrement dit, la force du ressort au balancier.

Nous sommes loin de mesestimer la pratique de ceux qui jugent au doigt, à la main (en retenant le pignon et en poussant la roue), de la justesse et qualité d'un engrenage ; cependant, nous croyons qu'il est plus prudent, plus certain de juger de visu. Il faut en général que la menée ne commence guère avant une ligne qui passerait par le premier point de contact et par le centre des deux mobiles : pignon et roue. Il faut encore, lorsque la dent de la roue quitte l'aile du pignon, et qu'elle prenne la menée au moment de son passage dans cette ligne des centres. On fait revenir l'engrenage sur lui-même pour voir si le mouvement, si la vitesse circonférentielle des dents de la roue et du pignon, au point de contact, sont bien uniformes, et aussi si le même effet se produit à toutes les dents du pignon.

Pour que cet examen soit sérieux, il faut qu'il puisse être fait franchement. Le plus fréquemment dans le calibre des montres à clef en abattant l'angle des ponts sans retirer la matière indispensable à la solidité des pierres, on arrive à obtenir des jours suffisants.

Il est bon que l'on voie les engrenages dans le sens de leur marche, et la montre fonctionnant ; on échancre légèrement le pont de la roue de cylindre afin de voir cet engrenage d'échappement au dessus.

Enfin, si un engrenage est douteux, et si la montre a marché, l'ouvrier attentif examine ses dentures : l'arrondi des dents de la roue est-il entamé, l'engrenage est trop faible. Pour corriger l'engrenage fort, on peut diminuer la roue de grandeur sur l'outil ; pour corriger l'engrenage faible, le mieux est de placer une roue plus grande si les trous ne peuvent être déplacés.

Dans certains calibres de montres à remontoir, il faut percer un trou dans la creusure de la platine, entre la roue deuxième moyenne et la roue de secondes, pour voir bien cet engrenage, qui se fait en dessus, trop au bout du pignon. Il faut pareillement un jour en dessus pour voir celui de la roue du centre.

Ces engrenages et ces roues placés à l'extrémité des mobiles ont un grave inconvénient : c'est que l'huile des pivots peut-être absorbée par les pignons.

Pour éviter cet accident fâcheux, il est bon de creuser les pignons afin de les isoler des pivots par un assez long tigeron en cône renversé. Dans le même but, tout en diminuant les portées des pivots pour amoindrir le frottement, il faut les rabattre sous un angle très obtus.

Nous nous occuperons maintenant de

l'échappement à cylindre. L'échappement est la partie délicate. Est-il au point, nous voulons du repos, mais nous en voulons très peu : deux ou trois degrés nous suffisent Nous voulons éviter l'arrêt au doigt et l'accrochement qui se produit entre l'arrière de la dent sortante et la pointe de la dent entrante quand le cylindre est un peu gros. Enfin, malgré tout ce que l'on a dit sur le défaut des frottements rentrants, nous trouvons que le frotteemnt tirant qui se produit à la lèvre sortante est encore plus défectueux quand le plan incliné dépasse le centre du cylindre.

Le fond de la roue du cylindre passe-t-il bien par le milieu de la petite entaille, si cette entaille est étroite, approchez-la de préférence vers le bord de la petite lèvre et conséquemment éloignée du tampon du bas.

Vous vous êtres assuré que les marteaux de la roue du cylindre sont assez éloignés en tous sens de la rainure du pont d'échappement pour n'y point laisser leur huile.

Les pivots du cylindre dépassent bien leurs trous et agissent par leurs bouts sur leurs contre-pivots. Mettez votre rouage en place, essayez la marche de cette montre en faisant office de force motrice avec le doigt sur la roue du centre. Si tout est bien, votre balancier étendra sa vibration toujours au même point ; c'est là un indice nécessaire. Y a-t-il des ralentissements, votre échappement accroche intérieurement ou extérieurement, ou l'un de vos engrenages est trop fort ou trop faible, et la force ne se communique pas également au balancier.

Notez, comptez le nombre des oscillations entre le retour de ces inégalités, vous saurez le mobile qui les cause.

Votre clef de spiral ne touche pas aux barrettes du balancier, votre virole est assez éloignée du coq. Votre balancier est-il bien d'équilibre ? Vous l'avez placé sur deux lames d'acier horizontales amincies et polies, et vous avez eu soin que ce soit la même partie des pivots qui frotte sur la paroi des trous qui porte également sur ces lames. Vous avez allégé la partie plus pesante du balancier jusqu'à ce que, le mettant sur les principaux points de sa circonférence, et frappant du doigt l'outil, le balancier demeure inerte.

L'indispensable est sans doute fait à ce repassage, mais avant le nettoyage, nous éprouvons le besoin d'ouvrir une parenthèse. Quelques esprits, se disant les progressistes, prétendent que les montres modernes peuvent se paser de repassage ; c'est le contraire qui est la vérité. Cette affectation de bas prix momentané dont s'affuble la montre moderne pour fasciner le public tient, pour une grande part, aux soins omis ; les angles des aciers ne sont pas abattus, les dentures des roues sont brutes et non ébarbées. Il est de notion élémentaire que si vous voulez améliorer cette montre, il faut abattre ces angles qui en coupant la brosse vous empêcheront de jamais bien la nettoyer. Mais assurément il vous faut passer dans les dentures de ces roues, une brosse courte et sèche saupoudré de corne de cerf pulvérisée. Vous tenez la serge de la roue, près des dentures, pressés entre deux doigts, et vous brossez des deux côtés jusqu'à ce que vous aperceviez l'angle vif des dents légèrement arrondi.

Vous placez aussi sur un bout de fusain serré dans l'étau, les marteaux de la roue de cylindre, et comme ces roues, en ce temps, sont peu trempées, avec un brunissoir léger, vous arrondirez les angles du point frottant, et la tranche du point incliné propulseur. Enlevez encore sur le bois d'étau, avec la tranche du burin, tous les angles des aiguilles de dessous afin qu'elles ne s'accrochent pas aisément.

Enfin nettoyez et remontez cette montre. Après avoir passé un cabron au rouge sec sur le poli des roues et des aiguilles pour en aviver l'éclat ; après avoir trempé dix minutes toutes ces pièces dans la benzine (il serait mieux de savonner, mais c'est l'usage aujourd'hui ; après les avoir bien essuyées avec un linge doux et net, vous passerez une pointe propre de fusain dans toutes les ailes des pignons que vous frottez en étirant sur tous leurs sens, vous passez la brosse propre dans toutes les dentures, vous vous assurez qu'il ne reste aucune poussière même dans les rivures. Vous avez essuyé dans une moelle de sureau toutes les tiges et pivots, vous avez brossé la platine et les ponts (nous n'aimons pas que pour ce faire on les tienne dans le papier de soie, nous préférons un papier mince collé) ; vous avez passé le fusain dans les trous jusqu'à extintion de noirceur ; vous avez frotté avec le fusain les noyures et les portées des trous, enfin vous avez soufflé dans ces trous.

En étirant à la brosse, et en tenant votre roue de cylindre sur un papier blanc, vous l'avez rendue nette partout ; vous avez glissé le fusain dans l'interstice des barrettes et des marteaux, et votre cylindre aussi est bien luisant intérieurement après le passage du fusain ; vous allez donc remettre en place tous les mobiles de cette montre. Ayez surtout une méthode pour huiler et remonter.

Mettez d'abord l'huile nécessaire aux pivots mêmes de la roue du centre avant de la mettre en place sur la platine avec son pont. Elle y est ; entrez le chevillot, frotté sur la cire blanche, muni de son écuelle bien appropriée, affirmez la chaussée à sa place. La roue incitée à tourner par une pointe de fusain est-elle libre, passez à la roue d'échappement. Nous désirons que vous la mettiez seule également en place afin de vous assurer en soufflant dessus des deux sens qu'elle est tout à fait libre, qu'elle revient bien au souffle sur elle-même, qu'elle a juste son jeu.

Vous placez les deux autres roues ; vous vous assurez des jeux, et comme vous avez un outil *ad hoc* pour mettre de l'huile, c'est-à-dire un outil ne servant qu'à cet usage, ayant d'un côté mèche ronde et non mèche de foret, et de l'autre côté un bout aminci rond, plus fin que le plus fin trou des pivots, vous mettrez à ce moment une goutte d'huile au trou du bas du cylindre ; avec le bout fin vous ferez entrer cette huile jusqu'au contre-pivot, et en mettrez une seconde goutte si la première était petite ; il en faut le plus possible et il n'en faut pas trop ; il ne faut pas qu'elle s'extravase. C'est un point à chercher que la pratique et l'expérience peuvent seules déterminer, mais c'est un point essentiel, et nous engageons les jeunes horlogers à bien s'y appliquer.

Vous mettrez l'huile, avec ce même soin, au trou du coq et au trou de la roue de cylindre. Vous mettez votre spiral en place après vous être assuré qu'il est centré droit sur le balancier. Vous attachez par le piton votre spiral et le sylindre au coq. Il faut que, la raquette étant placée tout au retard, la dernière lame du spiral soit bien au milieu des goupilles de cette raquette. Je pense que vous vous êtes assuré que les vis du coqueret bien serrées tiennent cette raquette avec le frottement doux désiré, et qu'aucune bavure anguleuse ne pourra érafler la dorure du coq.

Fermez la clef du spiral, mettez deux gouttes d'huile au fond du cylindre, sur le tampon du haut dans l'angle opposé à l'ouverture. Placez-le et assurez-vous encore de son jeu.

Pour bien régler, il faut que ce jeu soit limité.

Pour monter le barillet, vous suivrez l'indication que nous avons donnée pour les pivots de la roue du centre : l'huile se met aux pivots du barillet, et une mixture de suif et d'huile se met sur les deux faces du rochet. Ce rochet, les vis du chapeau serrées à fond, ne doit être ni trop dur ni trop libre. Mettez sept à huit gouttes d'huile entre les lames du ressort, armez votre arrêtage de la moitié de l'excédent des tours du ressort sur les tours utiles du barillet ; votre ressort fait cinq tours et demi, le barillet agit quatre tours ; c'est trois quarts de tour qu'il vous faut armer. Mettez en place, remontez et à ce moment vous mettez l'huile aux trois noyures qui restent visibles sous le cadran.

On ne met d'huile à la portée de la roue de renvoi que lorsque la montre est à remontoir au pendant.

Placez le cadran, les aiguilles, mettez en boîte, et c'est à ce dernier moment que vous achevez la mise complète de l'huile en lubrifiant les deux trous du haut de petite moyenne et de secondes.

Votre mouvement est remonté, le balancier régulateur vibre librement, le repassage est fait. Vous pouvez vous vanter d'avoir accompli une opération où dix années d'études sont à peine suffisantes, où le génie d'un mécanicien distingué trouve encore à s'exercer, où l'œil perspicace, où la main sûre sont nécessaires, où la plus légère négligence fait échouer, où l'habileté la plus minutieuse peut seule faire triompher de toutes les difficultés, où le soin et la propreté la plus absolue ont trouvé à dire absolument leur dernier mot.

La multiplicité des mécanismes actuels rend très difficile la profession d'horloger repasseur ; ce n'est plus un ouvrier dans le sens du mot qui peut remplir l'emploi ; il faut un mécanicien, un ingénieur d'instinct pour satisfaire et se plier aux exigences de mécanismes nouveaux et peu expérimentés.

La nouvelle montre est à ancre de côté, ou en ligne droite, à levées visibles ou couvertes ; à un seul plateau tenant le bouton de conduite et parant au renversement ; ou à deux plateaux dont un spécial pour le renversement. La roue d'ancre est à dent pointue, anglaise, américaine, ou bien elle comporte, coupants, ou épais, des plans inclinés qui ajoutent leur levée aux levées de l'ancre ; parfois même toute la levée sera à la roue et l'encre n'aura plus que de simples chevilles. Quels conseils simples peut-on donner à un ouvrier en cette occurence ?

Les grands traités de Saunier et Grosmann sont remplis de démonstrations mathématiques à ce sujet ; nous nous occuperons seulement des points indispensables que nous devons vérifier : 1° les dents de la roue d'échappement après chaque levée tombent-elles sur le repos de l'ancre et avec sûreté ? la chute n'est-elle pas trop forte, est-elle suffisante ? Vous vous en assurerez en faisant osciller l'ancre en même temps que la roue d'échappement est incitée à tourner : si le jour derrière chaque dent et l'arrière de la patte de l'ancre est suffisant ; si les chutes ne sont pas trop grandes, l'échappement sur ce point est bien fait. Le repos est-il assez en tirage ? l'est-il trop ? c'est à examiner.

Lorsque vous essayez cet échappement sans le balancier, l'ancre doit rester au repos, sous la pression de la dent de la roue, et avoir tendance à s'éloigner ; en le ramenant légèrement avec la pointe du fusain, il doit ramener la fourchette à son point d'écart le plus éloigné ; s'il fait ainsi, le repos a assez de tirage ; il en a trop s'il faut au balancier un gros effort pour vaincre ce tirage et ramener les levées sous l'action de la roue : un échappement à ancre bien fait doit fonctionner sans spiral et sans s'arrêter sous l'effort du ressort de barillet.

S'il existe des défauts aux fonctions que nous venons de signaler, on doit les corriger, soit en refaisant les levées-pierres, soit en les décollant et les replaçant mieux. En examinant cete échappement, il faut s'assurer que le devant des dents de la roue est sans bavure, légèrement arrondi sur l'épaisseur et bien poli. Assurez-vous que la conduite du bouton du balancier par la fourchette se fait sans ballottement et sans accrochement, tant à la sortie qu'à la rentrée. Le doigt de renversement ne doit jamais, dans la fonction normale, toucher au plateau ; quand l'ancre est au repos, la fourchette appuyant sur l'arrêt de renversement, un jeu suffisant doit exister entre l'extrémité de ce doigt et le plateau. Si vous ramenez avec la pointe de fusain ce doigt contre ce plateau il est bien important que la pesée de la dent de la roue sur le repos-tirage de l'ancre l'en éloigne instantanément.

Vous mettez de l'huile ainsi à cet échappement; le plus qu'il en pourra tenir aux levées et au repos de l'ancre ; vous ne ferez que graisser le bouton de conduite aux parties frottantes, et éviterez surtout qu'il ne s'en trouve ni au doigt ni au plateau de renversement.

Disons un mot des remontoirs, ce qui n'est pas facile vu la diversité des formes. Il est cependant des observations générales à faire, ce sont celles-là seulement qui nous ferons.

La menée des engrenages qui arment le

barillet doit être douce et sans saccade, cela va de soi. Le noyau qui tient la roue de couronne doit etrê fixé avec des vis et avec des pieds; sans ce dernier point, la constance et la solidité sont impossibles. Le bout du cliquet d'arrêt ne doit pas se former d'un angle trop aigu dans ce dernier cas, il serait parfois cause de résistance au remontage. Le jeu de ce cliquet ne saurait être trop précis ; il ne peut être trop fermement assuré.

Un point essentiel à reconnaître, c'est la fixation du bouton de remontoir; il doit être libre et ne pas pouvoir être arraché. Si c'est une bride qui le fixe (ce qui est bien le meilleur), elle doit entrer carrément et à fond dans le décolletage pratiqué à la tige de remontoir. Si c'est une simple vis, il est urgent d'en appliquer à côté une seconde qui la fixe afin qu'elle ne puisse se retirer.

La bélière doit être pleine, ajustée, entrant à pivotage angle droit dans le pendant ; il est honteux de trouver souvent des montres faites par de soi-disant fabricants dont les bélières sont creuses et à peine ajustées dans une noyure légère du pendant. Nous ne trouvons pas d'expression pour stigmatiser ce genre de spéculation.

Si l'encliquetage du remontoir, pour bien revenir sur lui-même et bien fonctionner, a besoin d'être affranchi de toute bavure, de même le ressort de mise à l'heure ne doit pas gripper ni trop appuyer sur ce pignon rochet.

Le trou de la poussette doit avoir ses parois en olive et être assez gai. Les roues intermédiaires de la mise à l'heure doivent être assez libres pour n'être jamais une surcharge à la force motrice.

Il faut que le tenon de la roue de renvoi soit arrêté par une petite vis de sûreté encastrée dans sa base, et on doit l'humecter d'un peu d'huile. On a enduit avec de la cire vierge le chevillot pour son frottement dans le pignon de centre ; le frottement large des rochets du remontoir a été graissé avec du suif mêlé à un peu d'huile.

Cadrature de répétition moderne à quarts. — Après avoir vérifié la fonction libre des aiguilles comme dans le repassage de la montre simple, il faut s'assurer, en faisant tourner l'aiguille des minutes, que la surprise du limaçon des quarts saute franchement lorsque cette aiguille passe exactement sur le chiffre 60 des minutes ; la surprise en sautant produit un petit bruit parfaitement perceptible à l'oreille. De plus, les quarts devant changer sur les chiffres 15, 30 et 45 des minutes, on s'en assure en les faisant sonner immédiatement avant et après ces chiffres. S'ils ne sonnent pas exactement, on enlève les aiguilles et le cadran, et dans le cas où il semblerait exister quelque défaut dans les divisions ou limaçon des quarts, il serait très prudent, avant de toucher aux coches, de s'assurer que le limaçon est bien rivé sur la chaussée, car l'on s'exposerait à modifier une pièce dont l'effet défectueux produit n'aurait d'autre cause qu'un déplacement accidentel.

La surprise, qui se trouve placée sous le limaçon des quarts est maintenue par une petite virole entrée à frottement, et qui lui laisse un jeu convenable; il est utile que le repaseur enlève cette virole et s'assure que le limaçon étant bien rivé sur la chaussée, la rivure est tournée presque à son niveau, afin de permettre à la surprise de venir s'y appuyer sans perdre une hauteur inutile qui nuirait à sa liberté de glissement. Quelques ouvriers soigneux remplacent même quelquefois cette virole de fabrique par une virole à canon, sur la portée de laquelle la surprise vient s'ajuster, et qui limite ainsi son jeu d'une manière mieux déterminée.

Le bouton de surprise, dont la fonction est de faire sauter une dent de l'étoile à chaque tour d'heure est entaillé dans son collet afin de pouvoir passer sans toucher les degrés les plus élevés du limaçon des heures, lequel est fixé sur l'étoile. Ceci nécessite l'examen du jeu de l'étoile, le bouton de surprise pouvant arc-bouter et arrêter ainsi le rouage même des la montre. Il faut aussi s'assurer de la distance de la surprise au barillet, afin qu'elle ne vienne pas toucher au couvercle ou que son bouton n'atteigne pas la virole du barillet. La distance utile entre deux pièces mobiles pour la liberté de leurs mouvements respectifs doit être plus grande qu'entre une pièce fixe et une pièce mobile.

L'étoile ne doit avoir sur sa tige et en élévation, que le jeu nécessaire à sa liberté afin que le limaçon des heures qu'elle conduit ne puisse sortir du champ d'action de la crémaillère. Elle doit être maintenue légèrement par les plans inclinés de son ressort-sautoir, lequel est d'une force très modérée, afin d'annuler autant que possible la résistance de l'étoile au bouton de surprise ; or, cette résistance est toujours nuisible puisque par la relation existant à chaque heure entre l'étoile et la surprise, elle agit sur le rouage de la montre et peut influencer le réglage : le ressort-sautoir ne sera donc jamais trop faible, pourvu que sa fonction soit assurée.

A l'état de repos, la surprise est naturellement démasquée et la dent de l'étoile vise exactement le centre de la platine ; à chaque heure, lorsque le bouton de surprise vient agir sur l'étoile, la surprise se cache et conduit l'étoile jusqu'à ce que celle-ci, se trouvant dégagée du plan de résistance de la dent du sautoir, glisse sur le plan opposé, et renvoie du même coup la surprise qui se démasque. Il est nécessaire que le repasseur s'assure que tous ces effets se produisent franchement et avec peu de force, et que la surprise soit bien isolée de l'étoile après l'action de celle-ci.

La pièce des quarts, qui tombe sur le limaçon des quarts lorsque la montre sonne, ne doit tomber que lorsque la crémaillère, arrêtée par la bascule et l'étoile, soulève le tout-ou-rien qui la retient. Elle doit être bien libre dans sa course ; son ressort doit la maintenir et ne lui laisser que le jeu nécessaire à sa liberté, et le doigt qui la ramène ne doit pas toucher le fond de la dent, ce qui causerait un arrêt de sonnerie des quarts.

L'examen de la justesse du limaçon des heures se fait, la pièce des quarts étant enlevée, en plaçant l'étoile de façon à ce que le bec de la bascule, poussée par la crémaillère, vienne agir sur la dent la plus haute du limaçon.

Dans cette position, la levée des heures doit laisser passer une dent du rochet des heures, par heure de la sonnerie. En faisant alors tourner l'étoile avec une pointe de fusain, chaque nouvelle dent du limaçon devra permettre à la crémaillère poussée de faire passer une dent du rochet, et une seule à chaque nouvelle dent de l'étoile jusqu'à la douzième.

L'engrenage de la crémaillère avec le pignon doit être doux et les pièces qui se meuvent sous l'action de la main, le levier, la crémaillère et la bascule doivent être bien libres sous le pont de la crémaillère ; ces pièces étant ramenées par la seule force du ressort de répétition produiraient inévitablement un arrêt si elles étaient gênées.

Il faut ensuite examiner les levées. Lorsqu'une levée est au repos, sa partie droite, sur laquelle viennent agir les dents de la pièce des quarts lorsqu'on fait sonner, doit viser exactement le pivot de la pièce des quarts et doit être maintenue dans cette position par un petit ressort entrant dans une entaille ou dans un trou. Si la levée ne revient pas franchement à sa position de repos, après avoir été déplacée d'arrière en avant, c'est-à-dire dans le sens de la chute de la pièce des quarts, il faut en chercher la cause dans la trop grande épaisseur du bout du ressort gêné dans son entaille. Ces petits ressorts des levées doivent être libres eux-mêmes, c'est-à-dire ne pas gratter la platine, qu'ils ne doivent toucher que de leur pied. Il faut aussi veiller au serrage des vis fixant les contre-ressorts qui offrent parfois l'inconvénient de se desserer lorsque ceux-ci résistent à l'action des marteaux.

Comme règles générales, dans le repassage d'une cadrature, il faut polir au rouge toutes les parties frottantes. Le bouton de surprise ne doit pas gratter la dent de l'étoile lorsqu'elle engrène avec elle les dents de la pièce des quarts doivent être polies à leur avant et à leur arrière pour faciliter leur glissement sur les levées ; la dent de cette même pièce qui est soumise à l'action du doigt est également polie ; le tout-ou-rien est poli à son extrémité, où la pièce des quarts vient gliser ; les levées sont polies sur leurs deux plans et les ressorts des marteaux à leurs extrémités.

Le repasseur examine ensuite le rouage de sonnerie ; il doit observer, après examen des engrenages, que le contre-poids de l'ancre soit bien fixé sur sa tige, car si cette masse venait à se déranger sous l'effet des vibrations, elle pourrait venir frapper contre le pont de l'ancre et ainsi arrêter la sonnerie.

Lorsque la montre est séparée de sa boîte, il reste à s'assurer que le mouvement de va-et-vient de la coulisse est doux et facile. L'ajustement doit en être assez précis pour éviter que la partie d'acier vienne arc-bouter le long de la boîte, ce qui arriverait si le jeu était trop prononcé. Si le défaut de liberté venait du trop de précision, il faudrait l'allibrer avec un peu de gros rouge. Le ressort de la coulisse doit ramener franchement cette pièce et agir jusqu'à fin de course, un peu plus loin même, afin de dégager sûrement la crémaillère et éviter de surcharger inutilement le rouage de la sonnerie. Si la montre n'est pas à remontoir, ce qui n'existe que très rarement dans les répétitions modernes, il faut avoir soin de tenir la fermeture du boitier de la montre assez libre, quoique fermant bien, afin d'éviter que le client n'introduise de petits morceaux d'ongles dans la montre, en se les brisant sur la carrure dans ses efforts pour l'ouvrir et la remonter. Ceci doit être fait, du reste, dans tout repassage d'une montre à clef ordinaire.

Lors du remontage de la cadrature, il est mieux de ne graisser que très légèrement les parties frottantes des pièces, surtout les levées à leur pivots : un excès d'huile ou de graisse n'amenant qu'une gêne dans leur fonctionnement. Enfin, le repassage terminé et la montre demontée de toutes pièces, le repasseur ne devra pas négliger les petits soins extérieurs qui témoignent de l'application de son travail. Une pièce compliquée aura presque conquis l'estime de la personne qui la possède, si celle-ci ne trouve aucun défaut on ne constate aucune négligence lors de son premier et bien naturel examen.

PROCEDES ET RECETTES UTILES AUX HORLOGERS

Trempe des ressorts de poussette, d'encliquetage, de boîtes, etc. — Chauffez le ressort préalablement adouci et enduisez-le de savon. Placez sur le charbon à tremper, chauffez jusqu'au rouge et trempez dans du pétrole. Les ressorts ainsi traités conservent leur élasticité sans devenir cassants ; de plus ils restent blancs après la trempe. Faites revenir bleu clair, jetez sur un morceau de suif et laissez refroidir.

Alliage ayant une très belle apparence une fois mis en couleur. — 18 carats : or 18, argent 3, cuivre rouge 3. — 15 carats : or 15, argent 3, cuivre rouge 6.

Teinte d'or sur argent. — Trempez la pièce d'argent pendant assez longtemps dans une faible solution d'acide sulfurique fortement imprégnée de rouille de fer.

Polissage des platines. — Avec un charbon de tilleul trempé dans l'eau, on frotte jusqu'à ce que tous les traits soient enlevés; on polit ensuite avec un feutre sur lequel on a mis de la terre pourrie avec de l'huile. Pour terminer, prendre un autre feutre sur lequel on met un peu de rouge anglais.

On peut remplacer le charbon par des bois émeri rudes et doux, c'est moins long, mais le poli n'est pas aussi beau.

Procédé pour donner aux aiguilles de montres une couleur rouge. — Mélanger en pâte sur la lame 1 once de carmin, 1 once de chlorure d'argent et 1/2 once de laque. Enduire légèrement les aiguilles de cette pâte, puis les déposer, la face libre,sur une plaque de cuivre et tenir celle-ci au dessus d'une flame d'esprit-de-vin jusqu'à ce que la couleur désirée apparaisse.

Blanchir de l'ivoire devenu jaune. — Jetez un peu de chaux vive dans l'eau, laissez déposer et transvaser l'eau. Faites ensuite bouillir votre ivoire dans cette eau jusqu'à ce qu'il devienne blanc. Pour le polir, frottez-le d'abord avec de la pierre ponce pilée, humectée, et polissez avec un chiffon doux ou de la peau trempée dans de l'huile d'olive mélangée de blanc d'Espagne.

Flamme du chalumeau. — Lorsqu'on souffle dans une flamme avec un chalumeau, elle se retrouve et paraît comme deux cônes dont la flamme extérieure est appelée flamme d'oxydyation, et l'intérieure flamme de réduction. Si l'on fond à l'air des métaux facilement oxydables, par exemple du plomb, il se formera à la flamme d'oxydation de l'oxyde de plomb à la flamme intérieure, qui ne contient que des gaz hydrogènes protocarbonés chauds, il se formera une réduction en plomb métallique.

Trempe des pignons. — La trempe au pétrole donne d'excellents résultats. Les parties d'acier à tremper sont d'abord chauffées au charbon comme à l'ordinaire, puis enduites de savon et amenées au rouge cerise; on les plonge alors dans le pétrole sans aucune crainte que le liquide s'enflamme. Les objets d'acier trempés de cette manière ne gauchissent pas, si minces qu'ils soient, et demeurent presque entièrement blancs.

Vernis noir brillant pour fer et acier. — Pour donner un beau vernis noir brillant aux objets en fer ou en acier poli, on les couvre d'une couche aussi mince que possible d'huile obtenue par la cuisson d'une partie de souffre et de dix parties d'essence de térébenthine. Cette huile a une couleur brunâtre. Lorsqu'on a peint les objets, on les chauffe au-dessus d'une lampe à esprit-de-vin ou à gaz, jusqu'à ce qu'ils deviennent d'un noir foncé et brillant.

Verre de montre. — Il arrive souvent qu'un verre rentre difficillement dans le drageoir, il arrive même qu'en voulant forcer un peu on le casse. On évitera cela en passant le bord du verre sur de la cire, c'est-à-dire cirer le bord, il entrera alors bien plus facilement.

Pour enlever un verre difficile. — Il faut imbiber le pourtour avec du pétrole en tachant de faire pénétrer entre le verre et la rainure.

Procédé pour distinguer l'acier du fer. — Il suffit, pour cela, de tremper un petit bout de bois ou de plume dans l'acide azotique et d'en toucher l'objet à essayer. On lave ensuite la partie touchée avec de l'eau. Si c'est du fer, la tache sera claire ou légèrement blanchâtre ; si c'est de l'acier la tache sera noire.

Caractère du bon acier. — 1° Trempé à un faible degré de chaleur, il acquiert une grande dureté ; 2° sa dureté est uniforme dans toute sa masse ; 3° après la trempe, il résiste au choc sans se rompre et ne perd sa dureté que par un recuit très intense ; 4° il se soude avec facilité, ne se fendille pas, supporte une chaleur très élevée ; il présente, dans sa cassure, un grain très fin et bien égal, il possède une grande pesanteur spécifique.

Cuivrage des aiguilles d'acier. — Trempez un morceau de moelle de sureau dans une solution de sulfate de cuivre et frottez-en l'aiguille à cuivrer, laquelle doit être au préalable bien nettoyée.

Moyen facile d'enlever une vis cassée dans une platine de montre. — En dehors du burin, qui sert souvent dans ce cas, il existe aussi un outil pour enlever les vis cassées, mais outre que cet outil est fort cher, cela demande encore assez de temps. Voici un moyen facile pour obtenir un résultat sans beaucoup de travail : il suffit de mettre la partie de la platine contenant la vis cassée dans de l'extrait d'eau de Javel ; le lendemain le trou sera net et propre, l'extrait d'eau de Javel aura dissous l'acier sans attaquer le cuivre, qui sera seulement un peu teinté, mais un coup de brosse le remettra à neuf.

Il va sans dire qu'il faut enlever de la platine les autres pièces d'acier avant de la mettre à tremper dans l'extrait d'eau de Javel.

COMPOSITION POUR DÉROUILLER LE FER ET L'ACIER

Argile bien tenace. . . .	50	parties
Brique pilée.	25	—
Émeri fin	6	—
Pierre ponce pulvérisée . .	6	—

On réduit toutes ces substances en poudre très fine, on les mélange, et, à l'aide d'un peu d'eau, on en forme une pâte ferme, qu'on roule en bâtons et qu'on laisse bien sécher. On frotte les pièces métalliques rouillées avec cette compisition, jusqu'à ce qu'on ait fait disparaître toute trace d'oxydation.

Méthode pour masquer les soudures. — Sur les objets en métal les traces de soudure forment de véritables taches. La méthode suivante permet de leur donner l'aspect général de l'objet.

Pour les objets de cuivre, il faut préparer une dissolution concentrée de sulfate de cuivre (couperose bleue) et, au moyen d'une baguette, en appliquer une certaine quantité sur la soudure. En touchant ensuite ce point avec un fil de fer ou un fil d'acier, on cuivre le point touché, l'épaisseur du dépôt augmente en répétant plusieurs fois l'opération. Pour obtenir l'aspect du laiton il faut employer une dissolution saturée, formée de une partie de sulfate de zinc et de deux de sulfate de cuivre, l'appliquer au point cuivré au préalable et frotter avec un morceau de zinc. La couleur sera plus foncée en saupoudrant de poudre d'or et en polissant ensuite. Pour les objets en or en doublé, on cuivre d'abord la soudure, on la recouvre ensuite d'une mince couche de gomme ou de colle de poisson, puis on la saupoudre

Dévisser une vis rouillée. — Il suffit de chauffer la tête de la vis. On fait rougir au feu l'extrémité d'une tige de fer plate et on l'applique pendant deux ou trois minutes sur la tête de la vis rouillée. On peut alors la retirer aussi facilement que si elle venait d'être mise en place.

Encre pour écrire sur le verre. — Faire dissoudre à une douce chaleur 5 parties de copal en poudre dans 32 parties d'essence de lavande, et colorer par du noir de fumée, de l'indigo ou du vermillon.

Encre pour graver sur le verre. — On sature l'acide fluorhydrique du commerce par de l'ammoniaque, on ajoute un volume égal d'acide fluordhydrique et l'on épaissit avec un peu de sulfate de baryte en poudre fine. On peut écrire avec une plume métallique ; l'encre mord presque instantanément ; il suffit de laver à l'eau.

Nettoyage du bronze, cuivre, acier, etc. — Prenez 1 once d'acide oxalique, 6 onces de terre pourrie, 1 once d'huile douce et de l'eau en quantité suffisante pour faire une pâte de ce mélange. Appliquez cette composition sur l'objet à nettoyer et frottez jusqu'au poli avec de la flanelle ou de la peau souple.

Pour se rendre compte si l'aiguille des minutes touche ou non au verre d'une montre. — C'est un vieux procédé trop peu connu que de placer l'index de la main droite sur le verre et d'en couvrir l'aiguille, pour, avec le microscope, regarder dans le cadran les images de deux aiguilles de minutes dos à dos.

Si ces deux images se touchent, l'aiguille touche au verre.

S'il y a un ecpace entre le dos des aiguilles reflétées, la moitié seulement de cet espace existe réellement entre le verre et l'aiguille.

Ciment employé par les bijoutiers. — On fait dissoudre de la colle de poisson préalablement ramollie par l'eau, dans la plus petite quantité d'alcool à l'aide d'une douce chaleur. Dans 60 parties de solution on fait dissoudre 0,5 de gonne ammoniaque, et on y ajoute une solution de 2 de mastic dans 12 d'alcool fort ; on conserve en flacon bien bouché. Pour s'en servir on le fait ramollir au bain-marie.

Pour repolir l'acier rouillé. — Lorsque les pièces d'acier d'une machine sont rouillées, ceux qu'on charge de les nettoyer prennent habituellement de la brique pilée, de la pierre ponce, de la terre jaune, du papier de verre ou du papier émeri. Ces matières enlèvent effectivement la rouille, mais elles laissent des raies à la place, et l'acier ayant perdu son poli, est vite rouillé de nouveau. Voici une formule de pâte dont l'emploi enlève la rouille et redonne à l'acier le poli qu'il avait reçu primitivement : cyanure de potassium, 15 gr., savon gras 15 gr. ; blanc de Meudon, 30 grammes ; eau en quantité suffisante pour amalgamer ces matières et en fonmr une masse épaisse ; mouiller d'abord l'acier avec une solution de 15 grammes de cyanure dans 30 grammes d'eau, puis frotter avec la pâte. On indique le pétrole comme un excellent moyen à employer contre la rouille. Les pièces rouillées, mises en contact avec le pétrole, en sont finalement dégagées, mais restent grasses.

Nettoyage des grosses pièces d'horlogerie. — Il arrive souvent que l'on apporte à l'horloger de vieilles horloges de campagne complètement rouillées ; pour remettre le mouvement à neuf, ou tout au moins le débarrasser de la rouille, il faudra au moins deux jours. Voici le moyen de procéder en pareil cas : trempez dans le pétrole des tampons d'ouate et, sans trop les étreindre, posez-les de-ci de-là sur le pignons, etc., sans plus vous en occuper ; au bout de deux ou trois jours, vous pourrez faire le nettoyage, le pétrole ayant produit son effet, la rouille s'en ira au moindre frottement.

Nettoyage des mouvements de pendules et réveils. — Voici, à notre avis, la meilleure composition pour le nettoyage des mouvements :

Alcali	60 grammes
Savon noir	20 grammes
Acide oxalique . . .	8 grammes
Eau	1 litre

Le savon noir est surtout préférable pour les pièces très sales. Comme il a plus de mordant que le savon blanc, il agit plus rapidement.

L'action de l'acide oxalique consiste surtout à donner le brillant ; seulement, lorsqu'on met cet acide dans la composition ci-dessus, il faut laisser les pièces moins longtemps dans le bain, l'acide attaquant les métaux.

Composition de l'eau pour la pierre de touche

Acide nitrique . . . . 30 parties
Acide chlorhydrique . 3 parties
Eau distillée . . . . . 20 parties

Autre

Acide nitrique . . 980 parties
Acide chlorhydrique . . 20 parties

Autre

Acide azotique . . . 125 parties
Acide nitrique . . 2 parties

L'Heure dans le Monde quand il est midi à Paris, il est :

1 h. 50	S.	Alexandrie...	Midi	S.	Londres......
Midi	S.	Amsterdam....	Midi	S.	Madrid.......
Midi	S.	Anvers.......	5 h. 21	M.	Mexico.......
2 h. »	S.	Athènes......	7 h. 04	M.	Montréal.....
6 h. 18	M.	Baltimore....	3 h. »	S.	Moscou.......
1 h. »	S.	Berlin.......	1 h. »	S.	Munich.......
1 h. »	S.	Berne........	7 h. »	M.	New-York.....
Midi	S.	Bruxelles....	11 h. 05	S.	Nouméa.......
2 h. »	S.	Bucarest.....	6 h. 41	M.	Panama.......
1 h. »	S.	Budapest.....	7 h. 39	S.	Pékin........
6 h. 06	M.	Buenos-Aires..	7 h. 09	M.	Québec.......
8 h. 03	S.	Calcutta.....	6 h. 45	M.	Quito........
7 h. 28	M.	Cap Horn.....	9 h. 07	M.	Rio-Janeiro..
1 h. 11	S.	Capetown.....	1 h. »	S.	Rome.........
7 h. 32	M.	Caracas......	7 h. 06	S.	Saïgon.......
6 h. 09	M.	Chicago......	2 h. »	S.	St-Pétersbourg
1 h. »	S.	Cologne......	3 h. 50	M.	San-Francisco.
2 h. »	S.	Constantinople	6 h. 17	M.	Santiago.....
1 h. »	S.	Copenhague...	10 h. 01	S.	Sydney.......
1 h. »	S.	Dresde.......	3 h. 25	S.	Téhéran......
Midi	S.	Edimbourg....	0 h. 40	S.	Tunis........
1 h. »	S.	Genève.......	2 h. »	S.	Varsovie.....
Midi	S.	Liége........	1 h. »	S.	Vienne.......
Midi	S.	Lisbonne.....	9 h. 18	S.	Yokohama.....

TABLE DES MATIÈRES

GRANDE IMPRIMERIE DE TROYES - rue Thiers, 126, TROYES

GRANDE IMPRIMERIE DE TROYES - rue Thiers, 126, TROYES

www.ingramcontent.com/pod-product-compliance
Ingram Content Group UK Ltd.
Pitfield, Milton Keynes, MK11 3LW, UK
UKHW021644260726
13994UKWH00003B/1251

9 782329 196145